Andrey Amand

Reabilitação funcional e fisiológica global

Andrey Amand

Reabilitação funcional e fisiológica global

Métodos e dispositivos para a formação de processos complexos de reabilitação funcional e fisiológica

ScienciaScripts

Imprint

Any brand names and product names mentioned in this book are subject to trademark, brand or patent protection and are trademarks or registered trademarks of their respective holders. The use of brand names, product names, common names, trade names, product descriptions etc. even without a particular marking in this work is in no way to be construed to mean that such names may be regarded as unrestricted in respect of trademark and brand protection legislation and could thus be used by anyone.

Cover image: www.ingimage.com

This book is a translation from the original published under ISBN 978-620-7-64054-6.

Publisher:
Sciencia Scripts
is a trademark of
Dodo Books Indian Ocean Ltd. and OmniScriptum S.R.L publishing group

120 High Road, East Finchley, London, N2 9ED, United Kingdom
Str. Armeneasca 28/1, office 1, Chisinau MD-2012, Republic of Moldova, Europe
Printed at: see last page
ISBN: 978-620-7-93623-6

Andrei Amand

Reabilitação funcional e fisiológica global

Métodos e dispositivos para a formação de processos de reabilitação funcional e fisiológica complexos utilizando elementos de inteligência artificial e redes neuronais artificiais.

Palavras-chave:

Reabilitação complexa; Reabilitação funcional; Reabilitação fisiológica; Cargas de esforço; Cargas de esforço de todos os tipos; Resposta adequada; Tecnologias de produção inteligentes; Ferramentas de comunicação móvel; Sensores de ressonância sem contacto; Monitorização em tempo real;

Anotação:

Na sociedade moderna, que implementa e organiza diversas variantes do desenvolvimento complexo e multifacetado da economia da inovação, especialmente nas áreas relacionadas com as indústrias e tecnologias inteligentes, as tensões de todos os tipos que surgem nos organizadores mais activos dos processos de desenvolvimento de projectos e nos geradores de novas ideias técnicas e comerciais destinadas a otimizar e acelerar os processos de desenvolvimento, exigem uma resposta adequada e tecnologias e equipamentos especiais discretos, mas extremamente fiáveis e naturais.

Atualmente, foi criado um modelo principal de sistema que controla e regula subsistemas complexos, utilizando sensores ressonantes sem contacto que funcionam segundo os princípios da espetroscopia de ressonância electromagnética e que têm uma conceção construtiva diferente como ligações dinâmicas entre o objeto móvel controlado e os meios de comunicação móveis.

Também o modelo principal do sistema de controlo e regulação de subsistemas de modelos complexos com a utilização de ligações dinâmicas entre o objeto móvel controlado e os meios de comunicação móveis, feitos sob a forma de relógios inteligentes, sensores ressonantes sem contacto, que funcionam com base nos princípios da espetroscopia de ressonância electromagnética e têm uma conceção diferente.

Para os chamados relógios inteligentes, a conceção do sensor é uma - bobina plana, - microplaca eletrónica com a topologia original do solenoide plano.

Este sensor recebe energia da pilha do relógio e está constantemente no modo de monitorização dos parâmetros corporais de um jogador de ténis de mesa.

Neste caso, a monitorização em tempo real pode medir vários parâmetros importantes que podem ser afectados pela natureza excessivamente intensiva do jogo, tais como: concentração de açúcar no sangue, pressão arterial, etc.

Conteúdo:

Introdução:

Os jogos desportivos de mesa são uma das fontes mais importantes e promissoras de tecnologias de reabilitação abrangentes.

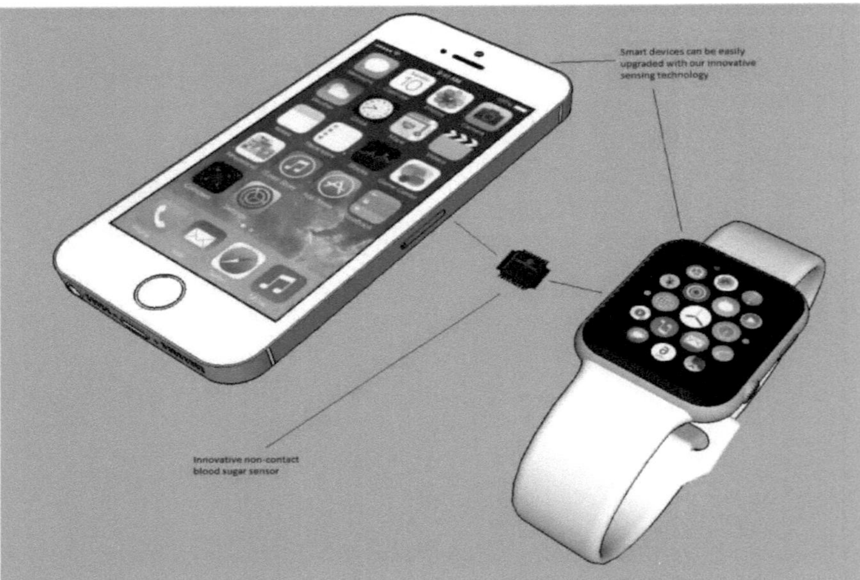

Figura 1, - a figura mostra o modelo de sistema que controla e regula subsistemas complexos do modelo com a utilização de sensores ressonantes sem contacto que funcionam com base nos princípios da espetroscopia de ressonância electromagnética e que têm uma conceção construtiva diferente como ligações dinâmicas entre o objeto móvel controlado e os meios de comunicação móvel.

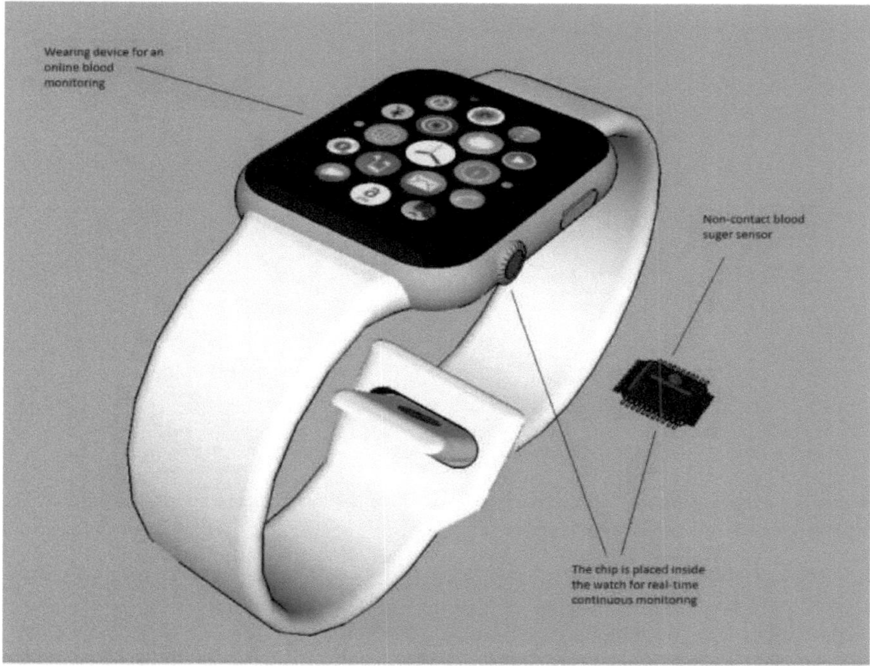

Figura 2, - a figura mostra também o modelo de controlo do sistema e de regulação de subsistemas de modelos complexos, utilizando como ligações dinâmicas entre o objeto móvel controlado e os meios de comunicação móvel feitos sob a forma de relógios inteligentes, sensores ressonantes sem contacto que funcionam segundo os princípios da espetroscopia de ressonância electromagnética e que têm uma conceção diferente.

Para os chamados relógios inteligentes, o design do sensor é uma bobina plana - uma microplaca eletrónica com a topologia original de um solenoide plano. Este sensor recebe energia da bateria do relógio e está constantemente em modo de monitorização dos parâmetros do corpo do jogador de ténis de mesa.

Neste caso, a monitorização em tempo real pode medir vários parâmetros importantes que podem ser afectados pela natureza excessivamente intensiva do jogo, por exemplo, a concentração de açúcar no sangue, a pressão arterial, etc.

Estas aplicações tornam-se especialmente importantes no caso da integração de elementos de inteligência artificial e de redes neuronais artificiais em sistemas de software de todo o complexo de reabilitação.

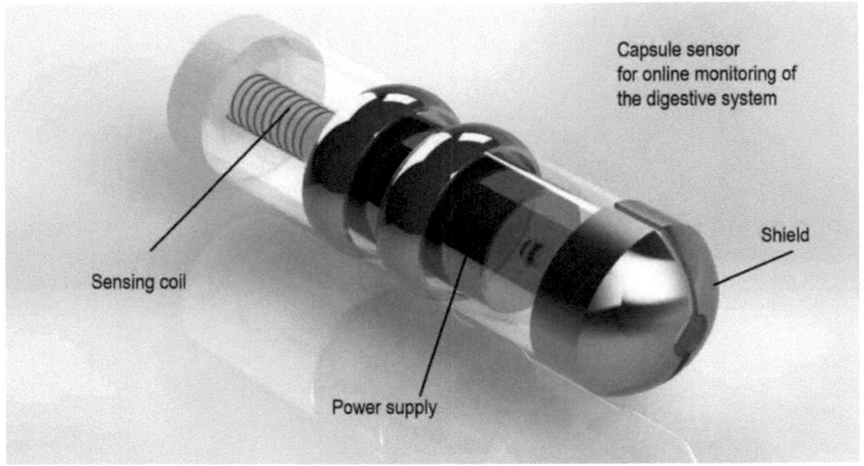

Figura 3, - a figura mostra igualmente um modelo de um sensor integral que é inserido no orifício axial do cabo de uma raquete de ténis de mesa.

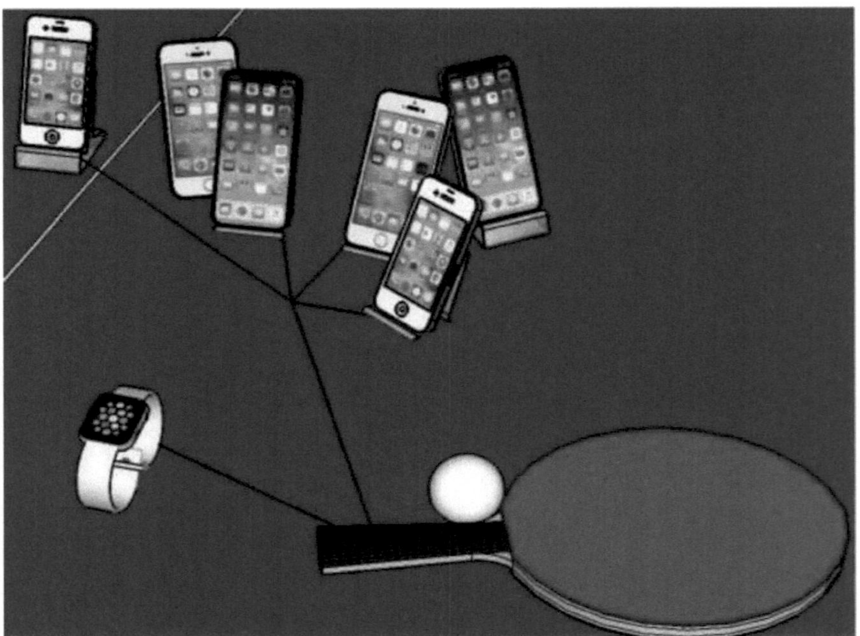

Figura 4, - a figura mostra igualmente o modelo de interação do sensor integrado com os objectos de comunicação móvel.

Figura 5, - a figura mostra um modelo de uma raquete de ténis de mesa modular com uma unidade analítica de software ligada a um módulo de sensor autónomo móvel universal incorporado numa pega integral, cujo esquema de funcionamento inclui elementos de inteligência artificial e redes neurais artificiais.

A invenção diz respeito ao domínio das ferramentas e dispositivos inteligentes e inclui uma série de blocos, módulos e dispositivos interligados que têm a capacidade de formar, colectiva ou autonomamente, um determinado sistema de software estrutural de interação com os jogadores de ténis de mesa, tendo cada um deles ligações individuais entre si e com dispositivos de software móveis, principalmente sob a forma de aplicações móveis, cuja estrutura inclui elementos de inteligência artificial e redes neurais artificiais.

Além disso, o objeto da invenção inclui, associado ao cabo da raquete, construído com base e no desenvolvimento de um esquema estrutural com espetroscopia de ressonância electromagnética realizada, elementos estruturais estabilizadores e peças básicas que formam esquemas estruturais e tecnológicos funcionais coesos, construídos com base nas propriedades condutoras de tecidos compostos de carbono-carbono, em que a composição carbono-carbono é aplicada por meio de pirólise a alta temperatura, e, quando os referidos tecidos têm propriedades viscosas, os tecidos compostos de carbono-carbono são aplicados por meio de pirólise a alta temperatura.

Figura 6, 7, 8, - a figura também mostra o modelo modular de raquete de ténis de mesa com unidade de análise de software.

Uma raquete modular para ténis de mesa, incluindo um prato de ataque e um punho funcionalmente ligados com um orifício interno cilíndrico e com um módulo de sensor integral instalado neste orifício, cujos sensores funcionam principalmente com base nos princípios da espetroscopia electromagnética, e os sinais dos sensores em tempo real são alimentados a ferramentas de software analítico com elementos de inteligência artificial e redes neurais artificiais, e o prato de ataque da raquete com dois lados de trabalho da raquete é coberto com os seguintes componentes

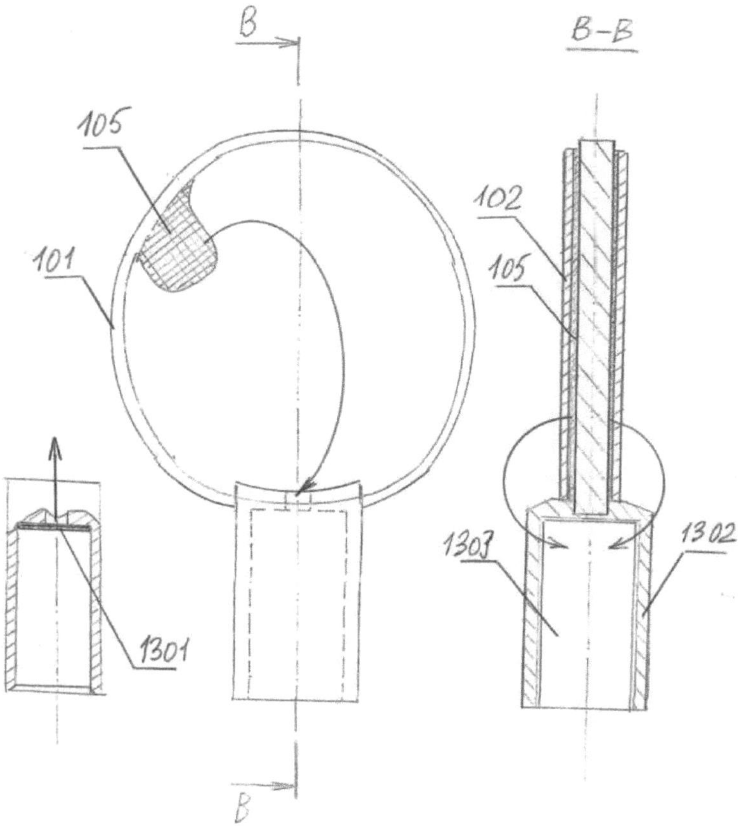

A FIG. 1 mostra a invenção, que diz respeito a dispositivos e métodos no domínio das ferramentas e dispositivos inteligentes e inclui uma série de unidades, módulos e dispositivos interligados com a capacidade de formar, colectiva ou independentemente, um determinado sistema de software estrutural de interação com jogadores de ténis de mesa, cada um dos quais com ligações individuais entre si e com dispositivos de software móveis, principalmente sob a forma de aplicações móveis, cuja estrutura inclui elementos da arte da invenção. Além disso, o objeto da invenção inclui, associado ao integrado no cabo da raquete, construído com base e no desenvolvimento de um esquema estrutural com espetroscopia de ressonância electromagnética implementada, elementos estruturais estabilizadores e peças básicas que formam esquemas estruturais e tecnológicos funcionais coesos baseados nas propriedades condutoras de tecidos compostos de carbono-carbono, em que a composição de carbono-carbono é aplicada por pirólise a alta temperatura e em que estes tecidos, tendo uma corda tecida de viscose e um tecido de viscose, são aplicados por pirólise a alta temperatura. O objeto da invenção inclui suportes de raquetes construídos com base e no desenvolvimento de um esquema estrutural com espetroscopia de ressonância electromagnética realizada, elementos estruturais estabilizadores e peças básicas que formam esquemas estruturais e tecnológicos funcionais coesos construídos com base nas propriedades condutoras de tecidos compostos de carbono e carbono, nos quais a composição de carbono e carbono é aplicada por meio de pirólise a alta temperatura e, neste caso, estes tecidos com cordas de tecido de viscose

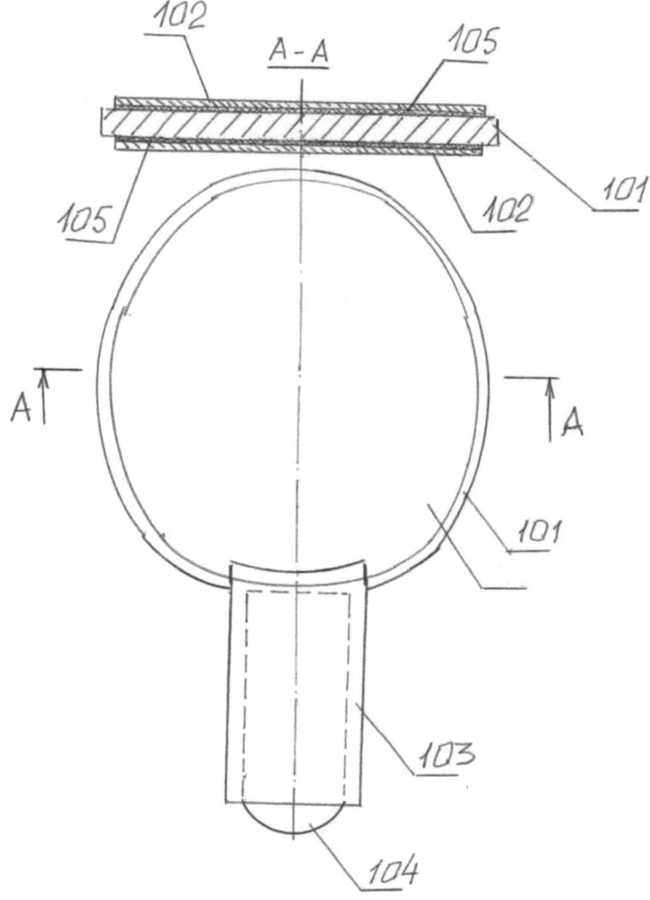

A figura 2 mostra um exemplo de uma raquete de ténis de mesa complexa ccm uma pega combinada com uma cavidade cilíndrica, na qual está incorporado um módulo sensor ou um análogo do mesmo, ou um peso que transforma a raquete num haltere. Os números de referência seguintes indicam as seguintes características: 101 - Placa de suporte da raquete de ténis de mesa, na ma.oria das vezes feita de contraplacado; 102 - Superfície exterior da placa de suporte da raquete, feita de borracha ou plástico com propriedades semelhantes; 103 - Corpo da pega da raquete com um orifício para a instalação de módulos adicionais 104-.

Módulo adicional com cabeça esférica; 105 - Almofada de carbono - fibra de carbono à base de tecido de viscose.

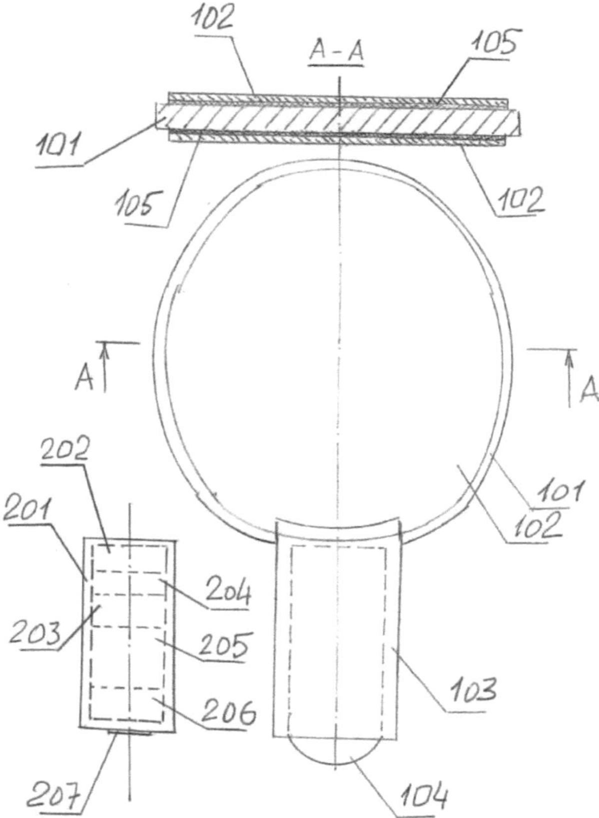

A FIG. 3 mostra um exemplo de uma raquete de ténis de mesa complexa com uma pega combinada com uma cavidade cilíndrica, na qual está incorporado um módulo sensor ou um análogo do mesmo, ou um peso que transforma a raquete em halteres; a figura mostra o módulo sensor

módulo e seus principais componentes. Os números de referência seguintes indicam as seguintes características: 201- Inserção opcional na pega da raquete de ténis de mesa; 202- Bateria eléctrica; 203- Analisador do recetor primário e integrador do sinal de ressonância; 204- Analisador e conversor de sinais; 205- Analisador do recetor primário e integrador do sinal de ressonância; 206- Gerador de impulsos; 207- Sensor de bobina plana.

A invenção em questão é uma raquete única integrada com sensores no cabo que funcionam com base na espetroscopia de ressonância electromagnética. Os elementos estruturais estabilizadores e as partes da base da raquete são feitos com tecidos compostos de carbono-carbono tratados por pirólise a alta temperatura. Estes materiais inovadores não só aumentam a durabilidade e o desempenho da raquete, como também garantem uma ligação constante ao módulo sensor integrado. Este módulo, por sua vez, é capaz de interagir com aplicações móveis e, através delas, com plataformas de software destinadas ao desporto e à reabilitação. O principal objetivo desta invenção é proporcionar a atletas e pessoas em reabilitação uma ferramenta eficaz que não só ajuda a melhorar o desempenho físico, como também torna o processo de treino mais interativo e eficiente.

Os tecidos compostos de carbono-carbono são utilizados para criar elementos estruturais estabilizadores e partes de base da raquete. Estes materiais são processados por pirólise a alta temperatura, o que lhes confere elevada resistência, leveza e resistência a várias influências externas. Os compósitos de carbono-carbono têm elevadas propriedades mecânicas e resistência ao calor, o que os torna uma escolha ideal para utilização em equipamento desportivo onde é necessária uma combinação de leveza, durabilidade e fiabilidade.

A FIG. 4 mostra um exemplo de uma raquete de ténis de mesa complexa com uma pega combinada com uma cavidade cilíndrica, na qual está incorporado um módulo sensor ou um análogo do mesmo, ou um peso que transforma a raquete num haltere. A figura mostra uma raquete com uma pega na qual está integrado um peso, transformando a raquete num instrumento de dupla função ou num equipamento desportivo multidisciplinar. Os números de referência seguintes designam as características seguintes: 301- Inserção da pega da raquete com cabeça esférica; 302- Anéis especiais de mola de fricção no diâmetro exterior da pega da raquete de ténis de mesa; 303- Anéis especiais de mola de fricção no diâmetro exterior da pega da raquete de ténis de mesa; 304- Flange inferior da pega da raquete de ténis de mesa; 305- Inserção cilíndrica na pega da raquete de ténis de mesa; 306- Anéis especiais de mola de fricção no diâmetro exterior da pega da raquete de ténis de mesa; 307 - Extremidade de contacto do inserto na pega da raquete de ténis de mesa; 308 - Anéis especiais de mola de fricção no diâmetro exterior da pega da raquete de ténis de mesa; 309 - Anéis especiais de mola de fricção no diâmetro exterior da pega da raquete de ténis de mesa; 310 - Anéis especiais de mola de fricção no diâmetro exterior da pega da raquete de ténis de mesa.

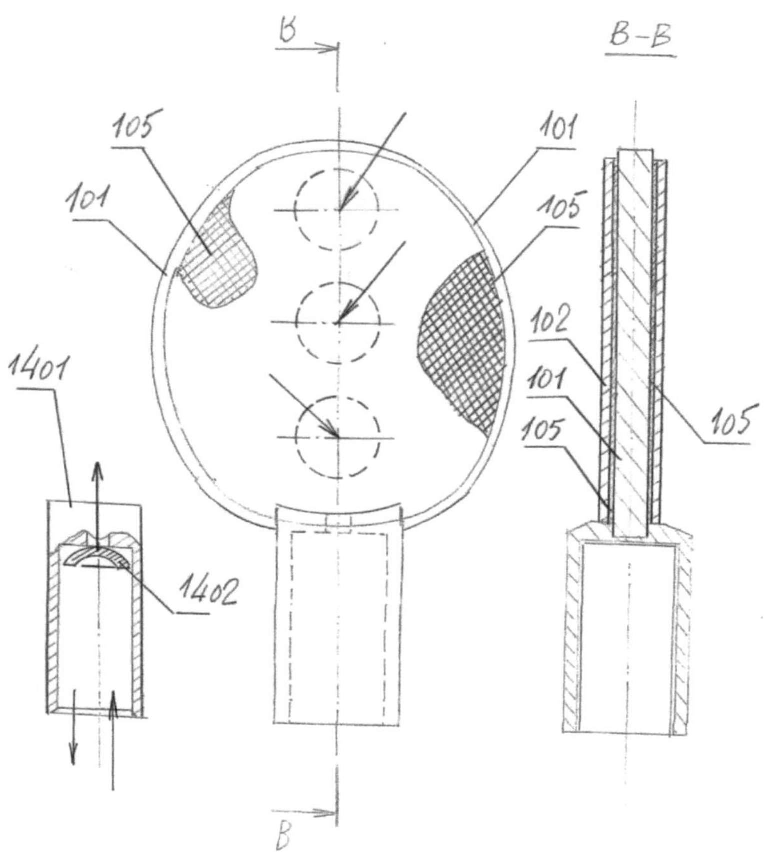

В
В—В
105
101
101
105
1401
102
101
105
105
1402
В
В

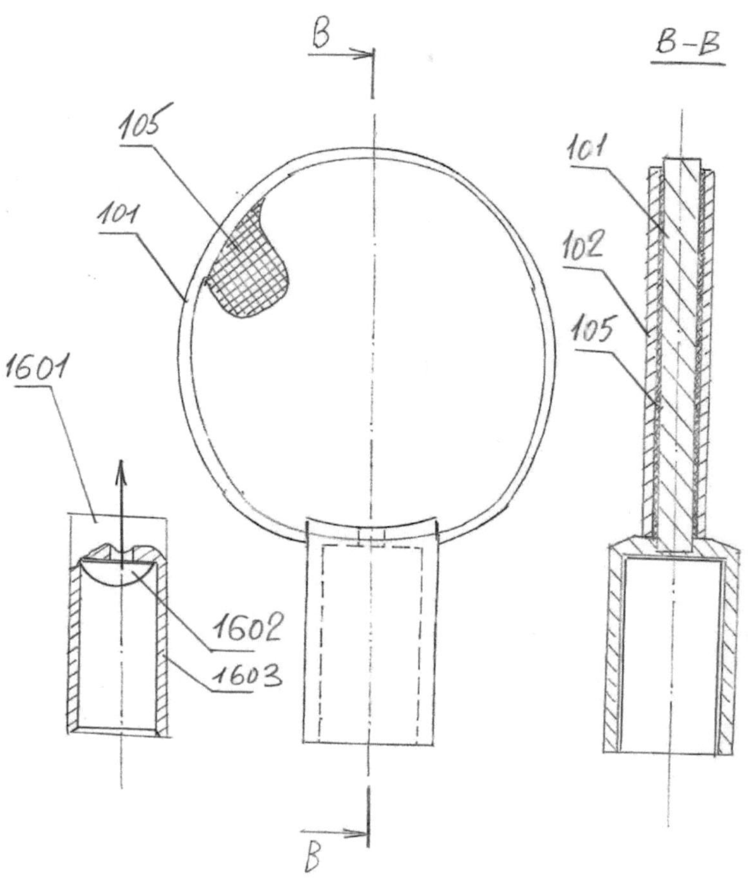

Б
Б—Б
105
101
1601
101
102
105
1602
1603
Б

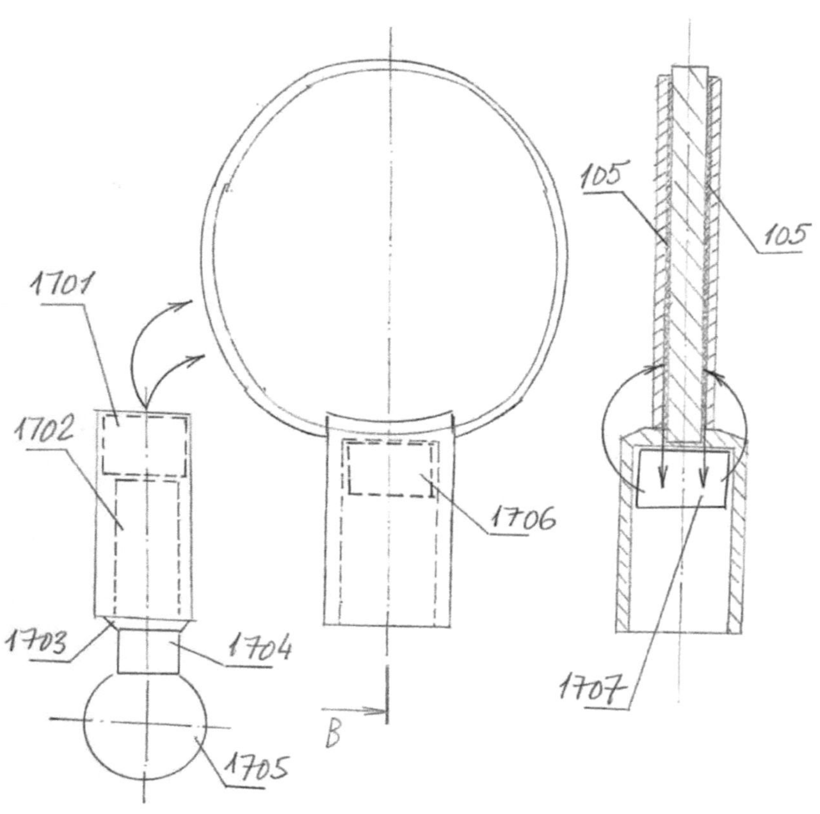

1701
1702
1703
1704
1705
1706
1707
105
105
В

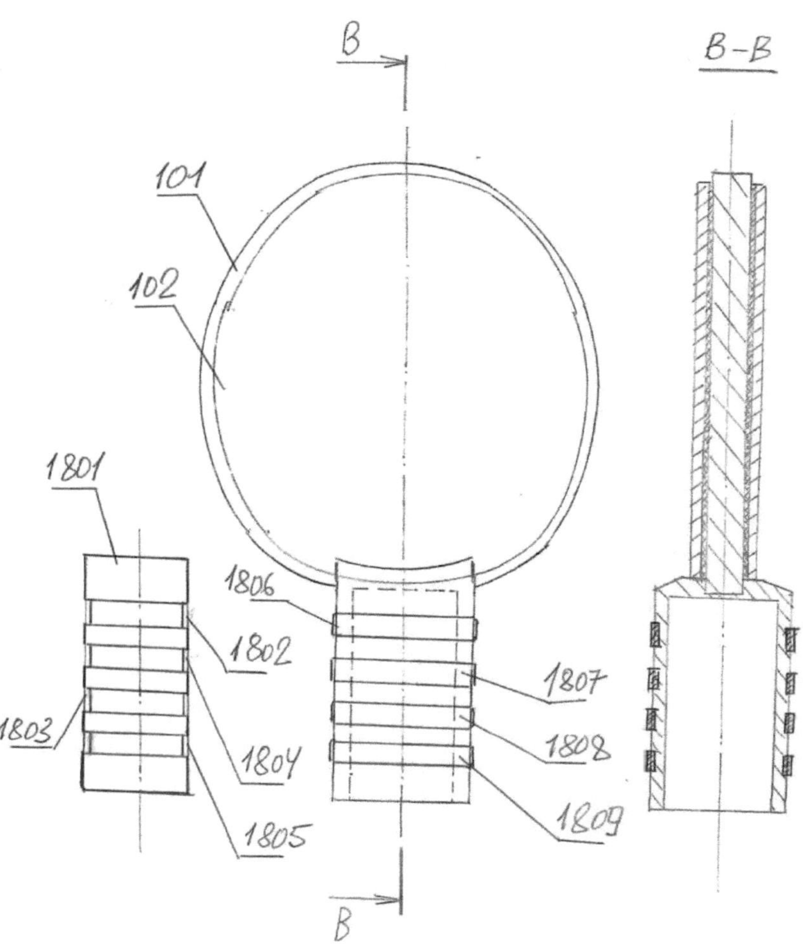

B
B—B
101
102
1801
1806
1802
1803
1804
1805
1807
1808
1809
B

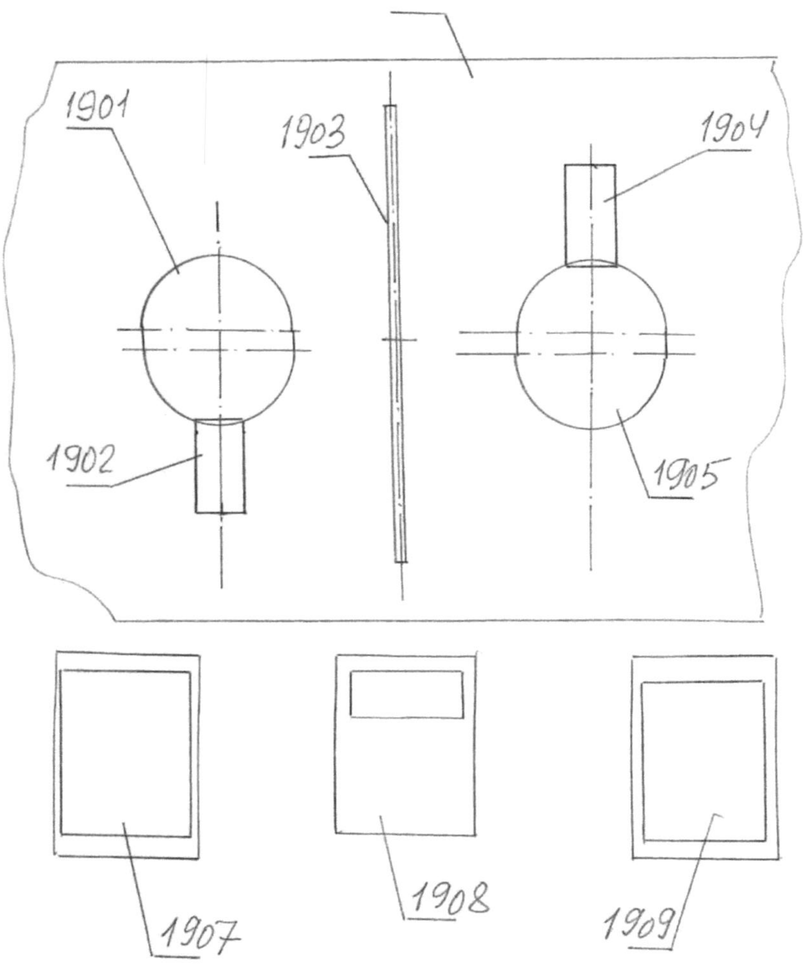

1901
1903
1904
1902
1905
1907
1908
1909

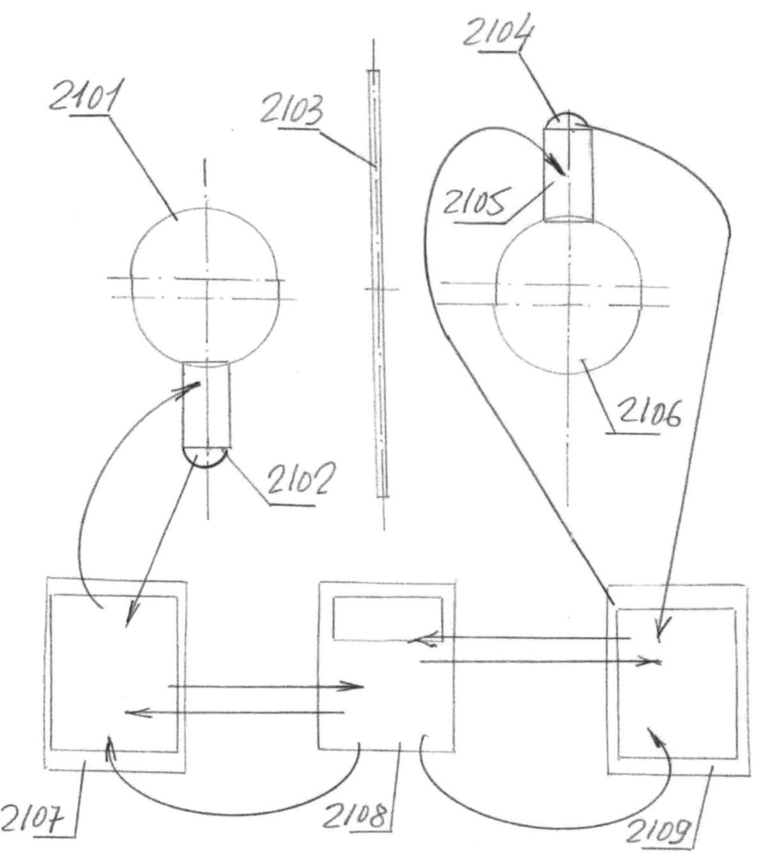

2101
2103
2104
2105
2106
2102
2107
2108
2109

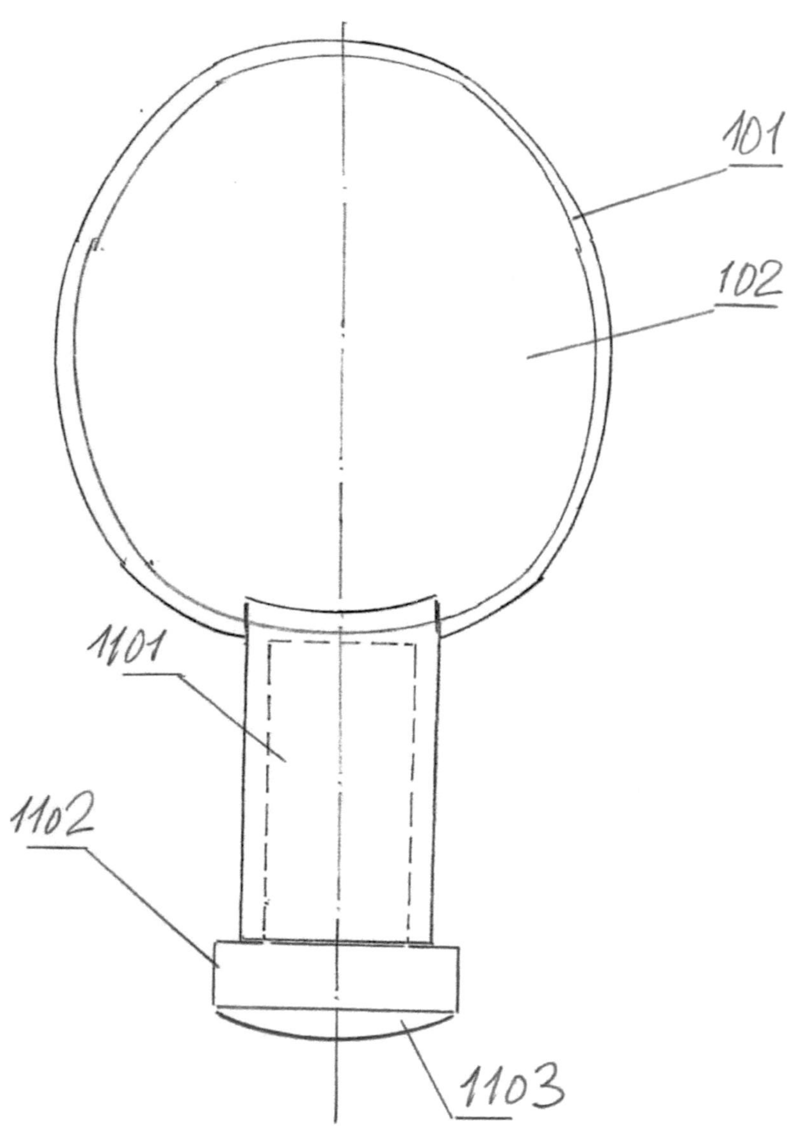

101
102
1101
1102
1103

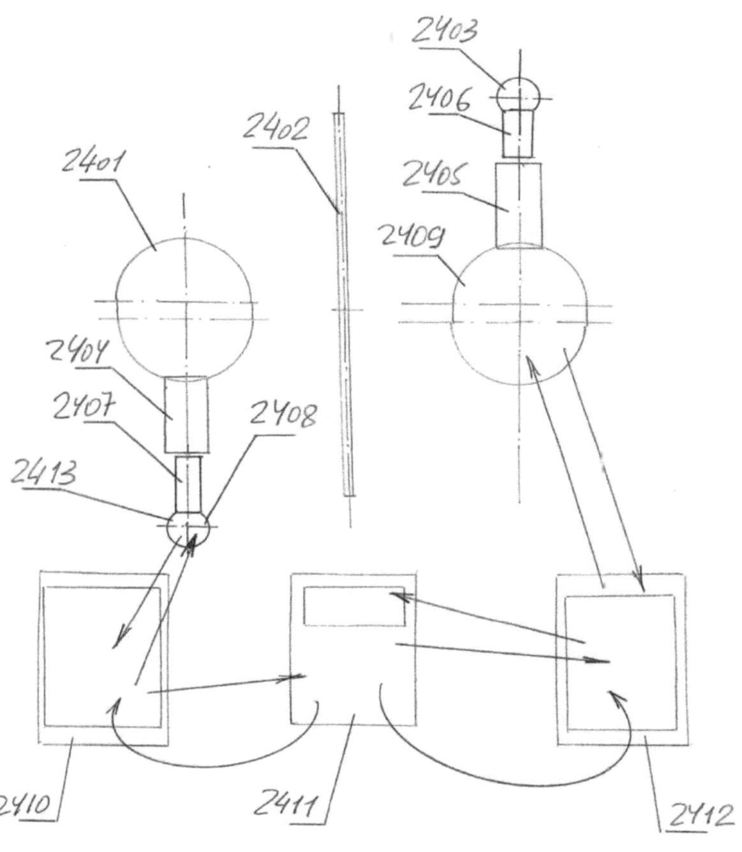

2401
2402
2403
2406
2405
2409
2404
2407
2408
2413
2410
2411
2412

102
A - A
105
105
102
A
A
307
308
101
102
309
306
305
103
310
303
302
304
301
104

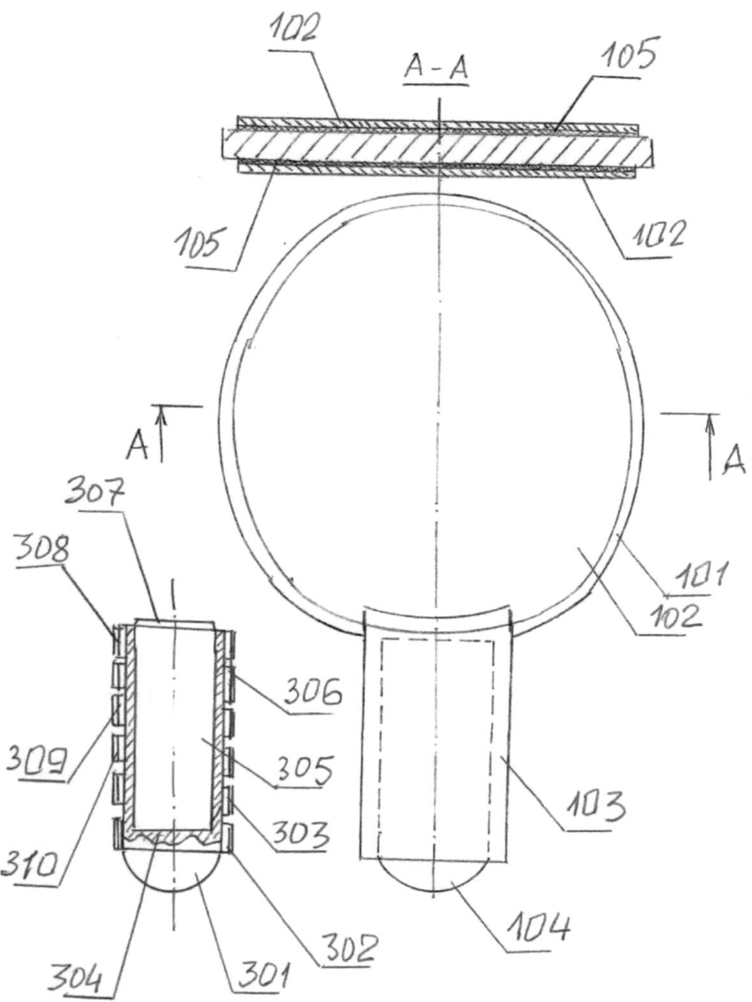

22

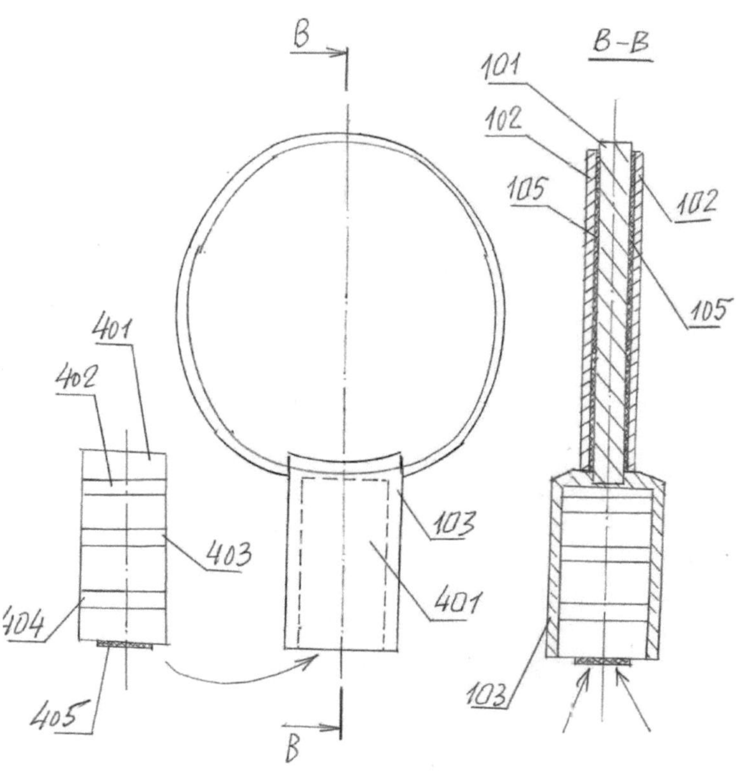

23

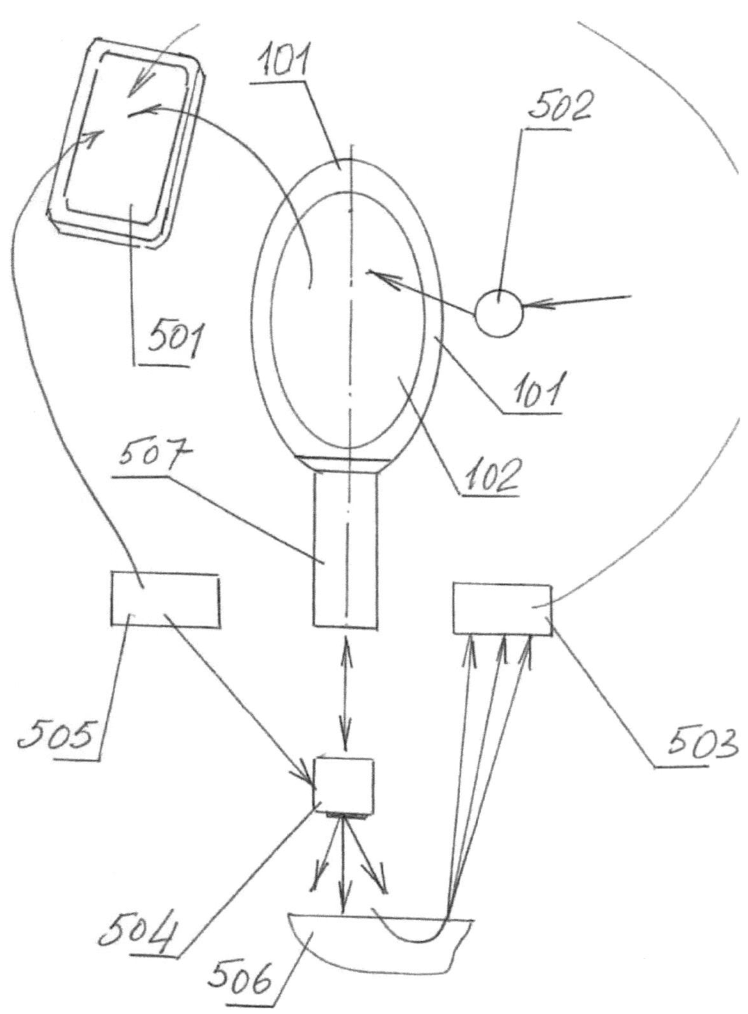

101
502
501
101
507
102
505
503
504
506

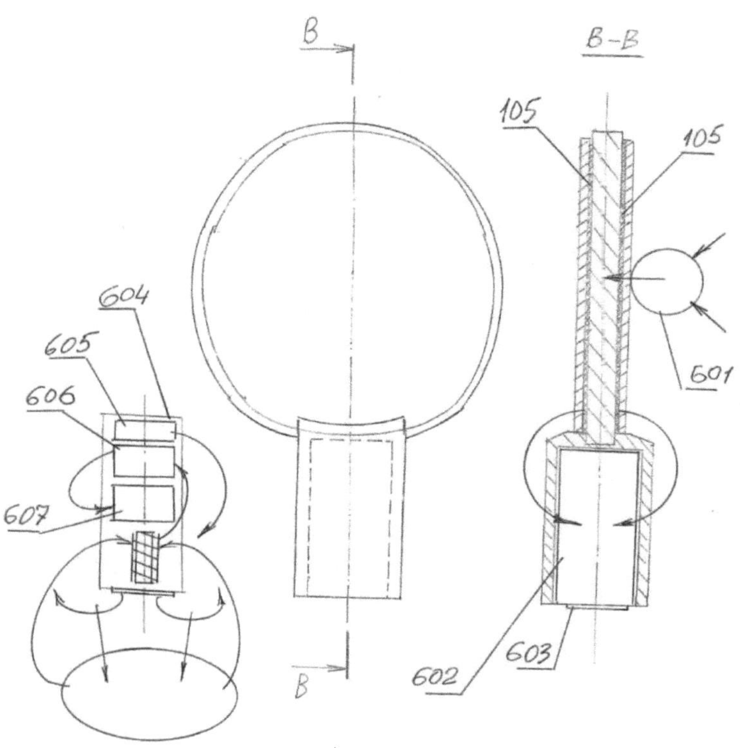

В
В-В
105
105
604
605
606
607
601
602
603
В
В

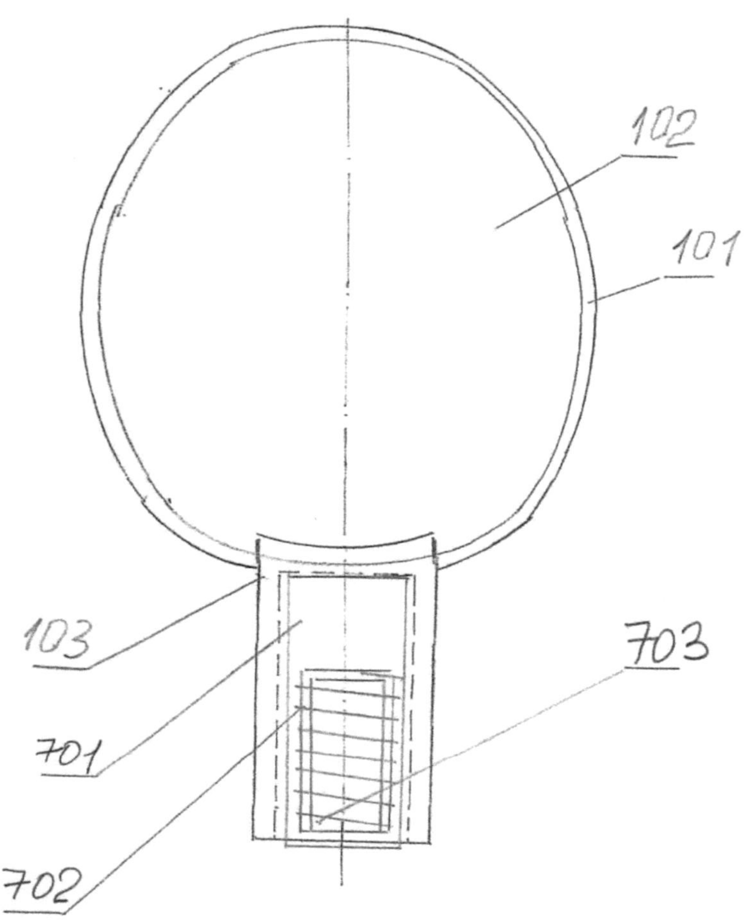

102
101
103
701
702
703

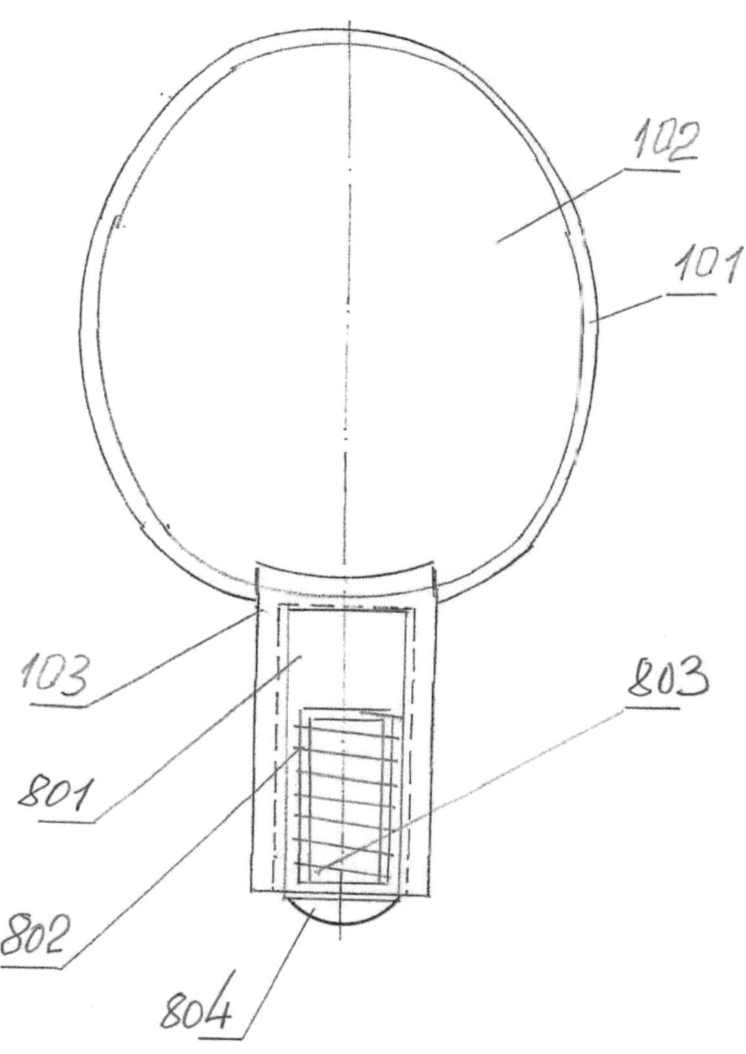

102
101
103
803
801
802
804

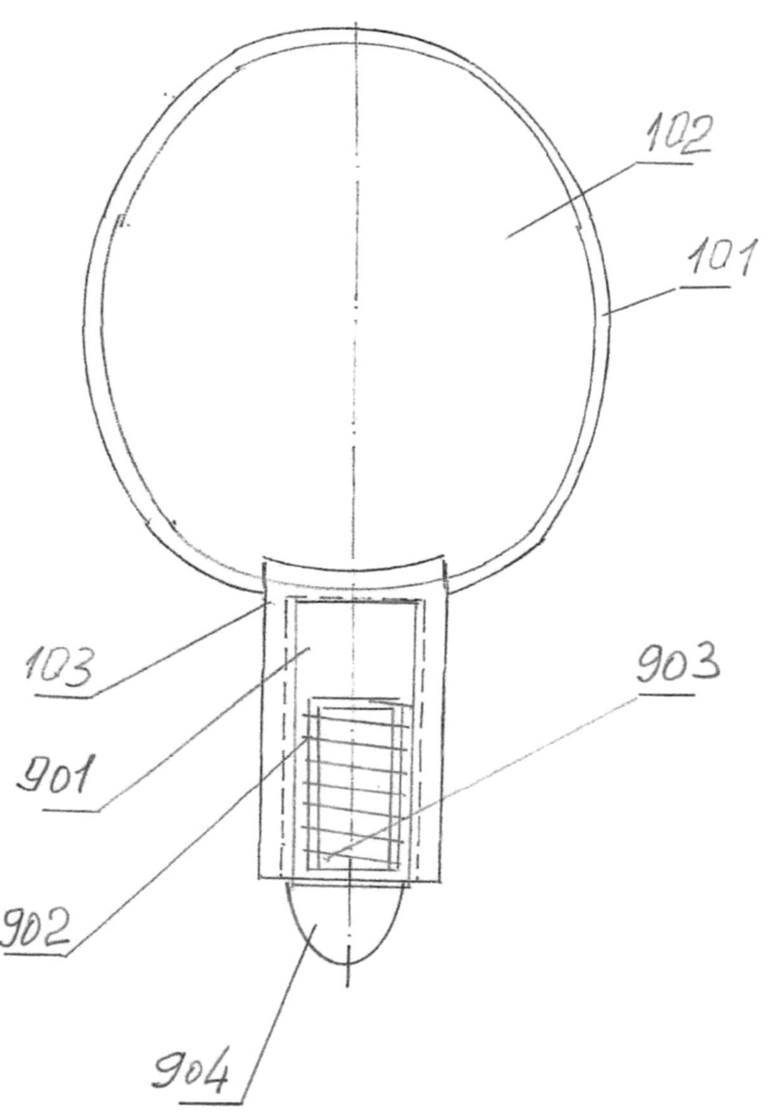

102
101
103
901
903
902
904

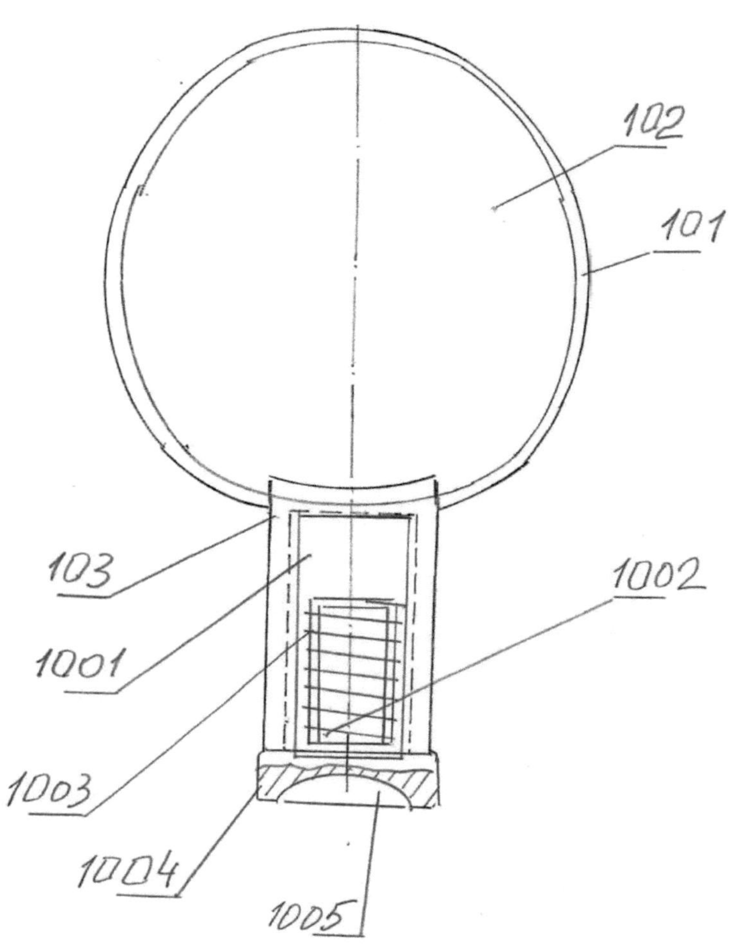

29

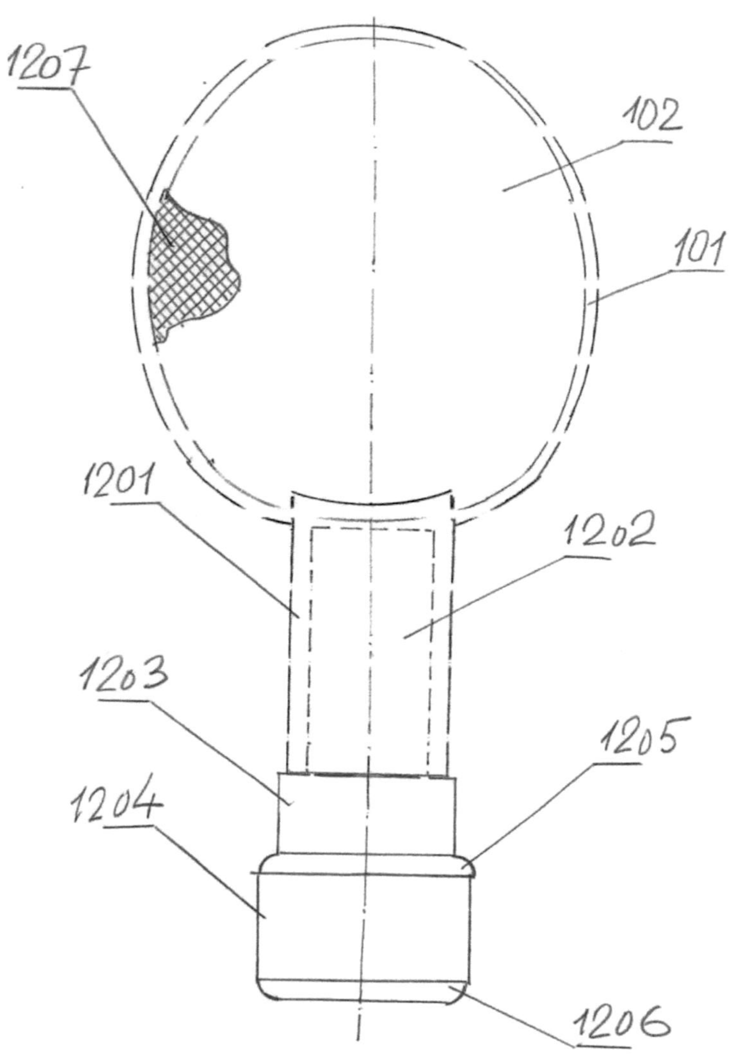

1207
102
101
1201
1202
1203
1205
1204
1206

LISTA 01 DE LITERATURA, PATENTES E INFORMAÇÕES SOBRE LICENÇAS UTILIZADAS

APÊNDICE 1

Patente dos Estados Unidos10   .065.068

Wilson4 de setembro   de 2018

Aparelho ajustável de reabilitação do tornozelo

Resumo

Várias formas de realização fornecem um *dispositivo* ajustável *de reabilitação* do tornozelo para reabilitar ligamentos rasgados associados a uma entorse do tornozelo. O *dispositivo de reabilitação* pode incluir uma plataforma plana fixada a um sapato e uma calha de equilíbrio fixada de forma ajustável à parte inferior da plataforma e que se estende para a frente e para trás. A calha de equilíbrio está configurada para colocar seletivamente uma quantidade desejada de *tensão* no músculo medial ou, em alternativa, no músculo lateral, ajustando a calha de equilíbrio de um lado para o outro. O *dispositivo* pode incluir fixadores ajustáveis para fixar a calha de equilíbrio numa posição desejada adjacente à parte inferior da plataforma.

APÊNDICE 2

Patente dos Estados Unidos   9,616,283

Heinicke, et al.   11 de abril de 2017

Dispositivo terapêutico

Resumo

Um *dispositivo* terapêutico de baixa *tensão* é fornecido utilizando placas para os pés e carris de guia com superfícies de rastreio operacional de baixo coeficiente de atrito suportadas por uma plataforma. O *dispositivo* inclui um estabilizador de carril equipado com uma reentrância ou ranhura longitudinal e uma placa para os pés montada de forma deslizante, tendo na sua parte inferior uma projeção longitudinal fixada de forma deslizante na reentrância do carril. O *dispositivo* terapêutico pode ser concebido para funcionar sob tensão relativamente fácil com um baixo coeficiente de atrito. O *dispositivo* terapêutico é útil para a substituição do joelho, vítimas de AVC, reparação do LCA e outros tratamentos terapêuticos que exijam um esforço inicial nominal de movimento para *reabilitação*. O *dispositivo* pode ser fornecido como um *dispositivo* com um ou dois pés *de* peso leve, particularmente útil numa posição sentada ou deitada do doente. As placas para os pés podem ser equipadas de forma adequada com guias de deslizamento longitudinais inferiores, que deslizam alternadamente dentro de ranhuras longitudinais fornecidas por uma calha de deslizamento.

Patente dos Estados Unidos 9,532,916

Tsoi, et al. 3 de janeiro de 2017

Dispositivo de assistência à potência para reabilitação da mão

Resumo

Um *dispositivo* de auxílio à potência para *reabilitação* da mão inclui um aparelho de mão com uma plataforma externa e uma plataforma interna ligada à plataforma externa e espaçada para o interior. Cinco conjuntos de dedos são montados de forma ajustável e estendem-se a partir da extremidade distal da plataforma externa. Cada conjunto de dedos inclui um conjunto seguidor proximal para uma articulação metacarpofalângica. São utilizados cinco motores para acionar os cinco conjuntos de dedos, respetivamente. Cada motor é montado próximo da plataforma externa e tem uma extremidade ligada à plataforma externa e outra extremidade acoplada ao seu conjunto seguidor proximal por uma junta esférica, de modo a facilitar a transferência de força e minimizar *o stress* mecânico nas outras partes do *dispositivo*.

APÊNDICE 4

Patente dos Estados Unidos7   ,255,619

RasmussenAgosto   14, 2007

Dispositivo aquático de resistência variável e métodos de utilização do mesmo

Resumo

Um *dispositivo* aquático pode ser utilizado num ambiente aquático para uma variedade de fins, tais como fisioterapia, *reabilitação* e/ou exercício. O *dispositivo* aquático permite a uma pessoa simular um ciclo de marcha de caminhada ou corrida no ambiente aquático, reduzindo o *stress/esforço* associado à caminhada ou corrida no solo. Um *dispositivo* aquático inclui um membro recetor de pés acoplado rotativamente a um membro de barbatana. O membro da barbatana, quando numa posição estendida, proporciona uma maior resistência à medida que a pessoa tenta andar ou correr no meio aquático. Durante uma marcha ou corrida, o membro da barbatana move-se para uma posição dobrada, reduzindo assim a resistência da água no *dispositivo* aquático. O *dispositivo* aquático é adaptável e modificável para ter diferentes formas, desenhos, tamanhos, níveis de resistência e/ou outros aspectos.

APÊNDICE 5

Patente dos Estados Unidos6   ,056,613

PikeMaio   2, 2000

Dispositivo de flutuação multiusos para fins recreativos, de exercício, de instrução e de reabilitação

Resumo

Uma forma recentemente popular de exercício e terapia, os aparelhos de exercício aquático apresentam condições de funcionamento únicas para o corpo devido à utilização da resistência da água e à sua flutuabilidade. Ao utilizarem corretamente a resistência da água, estes aparelhos podem proporcionar ao corpo um excelente treino muscular e cardiovascular, ao mesmo tempo que a flutuabilidade oferecida por estes aparelhos elimina o *stress* e as lesões associadas ao impacto de choques de exercícios em terra, como a corrida e a aeróbica. É também um objetivo da presente invenção fornecer um dispositivo de exercício aquático que seja uma unidade singular. O inventor começou a frequentar uma aula de aeróbica aquática em 1995 por razões de saúde. O exercício na água eliminou a maior parte das dores do movimento, mas a inventora descobriu que continuava a magoar-se a si própria. A inventora procurou alcançar um estado verdadeiramente sem peso para condicionar o seu corpo. Experimentou os vários dispositivos fornecidos pelas instalações da piscina, mas nenhum se revelou eficaz para lhe proporcionar o treino sem impacto que estava determinada a encontrar. Com um problema para resolver, o inventor experimentou, alterou e concebeu um novo e melhorado *dispositivo* de flutuação que é singularmente diferente na sua adaptabilidade a inúmeras aplicações. Um *dispositivo* de flutuação único e diferente, esta invenção vai além das concepções restritivas da arte anterior concebida para abordar um ou outro aspeto da segurança aquática, exercício, *reabilitação* ou recreação. Esta invenção adapta-se a uma multiplicidade de expressões, desde o ioga aquático, uma sinergia única entre a cultura oriental antiga e a tecnologia moderna, a exercícios aeróbicos aquáticos que incorporam actividades de melhoria cardiovascular, à *reabilitação de* lesões físicas ou doenças, bem como aos aspectos básicos da segurança na água e à aprendizagem da natação. Um *dispositivo* de flutuação para vários exercícios, instrução, *reabilitação,* fins terapêuticos e/ou recreativos; esta invenção fornece apoio de flutuação como nenhum outro produto no mercado devido ao seu design e flexibilidade únicos e ao número múltiplo de formas em que pode ser utilizado. Com esta invenção, é possível flutuar em decúbito dorsal, fazendo vários movimentos de relaxamento e alongamentos de ioga aquático; andar como um assento de bicicleta; sentar-se como num baloiço; envolvê-lo à volta do tronco e prendê-lo com um clipe para exercícios em águas profundas e/ou para aqueles que não se sentem à vontade na água, mas que têm de entrar para fins de saúde e/ou *reabilitação*; segurá-lo com as mãos; colocá-lo debaixo dos braços, da frente para trás ou de trás para a frente; tudo para fazer vários exercícios de saúde, *reabilitação* e diversão. A variação é utilizada para proporcionar uma flutuação superior num estilo de encaixe. Com esta invenção presa à volta do tronco, no peito e na parte de trás do pescoço, o utilizador não tem apoio para as mãos. Enquanto usa a invenção, o utilizador pode flutuar para a frente para nadar e aprender as braçadas; caminhar na água numa posição vertical; e/ou flutuar em decúbito dorsal; tudo isto com uma amplitude de movimentos completa dos membros e/ou do tronco. Esta variante da invenção pode ser utilizada no ensino da natação, segurança na piscina, *reabilitação*, recreação, instrução e segurança geral junto à piscina.

ANEXO 6

Patente dos Estados Unidos   5,476,429

Bigelow, et al.   19 de dezembro de 1995

Tapete rolante para utilizar com uma cadeira de rodas

Resumo

Um *dispositivo* de exercício para o ocupante de uma cadeira de rodas que actua como uma passadeira que pode ser utilizada para testes *de esforço* cardíaco, *reabilitação* cardíaca ou de acidente vascular cerebral, treino de fitness, treino aeróbico ou jogos educativos/físicos, com o *dispositivo* a incluir uma rampa geralmente inclinada com lados paralelos, uma porção de entrada para a frente, um carrinho móvel montado sobre carris nos lados da rampa, o carrinho tem um par de placas de captura de rodízios móveis lateralmente com aberturas para receber os rodízios dianteiros de uma cadeira de rodas e hastes angulares que cooperam com as rodas motrizes da cadeira de rodas, actuando para ajustar o espaçamento lateral das referidas placas, meios de bloqueio do carrinho para o manter na sua posição avançada meios de bloqueio separados para bloquear o carrinho na sua posição para trás quando uma cadeira de rodas tiver sido colocada na rampa em posição de funcionamento, um par de aberturas alargadas adjacentes ao bordo traseiro da rampa e um par de rolos móveis longitudinalmente por baixo da rampa e móveis entre uma posição traseira retraída que permite que as rodas motrizes da cadeira de rodas sejam parcialmente recebidas nas aberturas e uma posição dianteira sob as rodas motrizes para engatar e levantar as rodas motrizes, de modo a que o utilizador possa rodar manualmente as rodas motrizes da cadeira de rodas para rodar os rolos e fornecer sinais a um aparelho de controlo para o tipo de treino, teste ou *reabilitação* desejado.

ANEXO 7

Pedido de patente nos Estados Unidos	20130261514
Código de tipo	A1
TSUI; Michael Kam Fai; et al.	3 de outubro de 2013

DISPOSITIVO AUXILIAR DE POTÊNCIA PARA REABILITAÇÃO DA MÃO

Resumo

Um *dispositivo* de auxílio à potência para *reabilitação* da mão inclui um aparelho de mão com uma plataforma externa e uma plataforma interna ligada à plataforma externa e espaçada para o interior. Cinco conjuntos de dedos são montados de forma ajustável e estendem-se a partir da extremidade distal da plataforma externa. Cada conjunto de dedos inclui um conjunto seguidor proximal para uma articulação metacarpofalângica. São utilizados cinco motores para acionar os cinco conjuntos de dedos, respetivamente. Cada motor é montado próximo da plataforma externa e tem uma extremidade ligada à plataforma externa e outra extremidade acoplada ao seu conjunto seguidor proximal por uma junta esférica, de modo a facilitar a transferência de força e minimizar *o stress* mecânico nas outras partes do *dispositivo*.

ANEXO 8

Pedido de patente nos Estados Unidos	20120329611
Código de tipo	A1
Bouchard; Marc; et al.	27 de dezembro de 2012

Dispositivo e método de reabilitação motorizado da parte inferior do corpo

Resumo

É apresentado um aparelho e um método *de reabilitação* motorizado para pessoas com deficiência, incapacitadas ou lesionadas, que treina uma marcha correcta, aumenta o fluxo sanguíneo, alivia *o stress* e recondiciona os músculos e as articulações da parte inferior do corpo. O *dispositivo* é composto por uma bicicleta estacionária motorizada com um assento, pegas e pedais rotativos que recebem a força motriz de um motor elétrico e a entrada do utilizador. O *dispositivo* inclui ainda um par de suspensórios para as coxas que estão ligados entre as coxas do utilizador através de um elo e uma corrente que controlam e treinam os membros de um indivíduo através da rotação do pedal. O método revelado combina ainda o presente *dispositivo* de bicicleta *para reabilitação* com estímulos visuais sob a forma de um ecrã de televisão tridimensional que estimula as endorfinas, alivia *o stress* mental e permite que a entrada de motivos da bicicleta e a entrada ligeira do utilizador exercitem os membros de um utilizador sem se concentrarem na atividade *de reabilitação*.

ANEXO 9

Pedido de patente nos Estados Unidos	20070093153
Código de tipo	A1
Rasmussen; Scott K.	26 de abril de 2007

Dispositivo aquático de resistência variável e métodos de utilização do mesmo

Resumo

Um *dispositivo* aquático pode ser utilizado num ambiente aquático para uma variedade de fins, tais como fisioterapia, *reabilitação* e/ou exercício. O *dispositivo* aquático permite a uma pessoa simular um ciclo de marcha de caminhada ou corrida no ambiente aquático, reduzindo o *stress/esforço* associado à caminhada ou corrida no solo. Um *dispositivo* aquático inclui um membro recetor de pés acoplado rotativamente a um membro de barbatana. O membro da barbatana, quando numa posição estendida, proporciona uma maior resistência à medida que a pessoa tenta andar ou correr no meio aquático. Durante uma marcha ou corrida, o membro da barbatana move-se para uma posição dobrada, reduzindo assim a resistência da água no *dispositivo* aquático. O *dispositivo* aquático é adaptável e modificável para ter diferentes formas, desenhos, tamanhos, níveis de resistência e/ou outros aspectos.

ANEXO 10

Pedido de patente nos Estados Unidos	20060211937
Tipo de código	A1
Eldridge; Robert	21 de setembro de 2006.

Peça de vestuário para facilitar a utilização de um monitor portátil

Resumo

Uma peça de vestuário configurada para segurar um *dispositivo* médico portátil e, mais especificamente, uma peça de vestuário superior modificada para segurar, fixar e ocultar um monitor cardíaco, permitindo simultaneamente um acesso fácil e discreto a pontos de derivação cardíaca num doente. A peça de vestuário tem um bolso exterior para um monitor. Tem ainda uma pluralidade de aberturas para permitir a fixação de eléctrodos do monitor num doente sem necessidade de retirar o vestuário. As aberturas também podem ter meios de fecho. O vestuário proporciona modéstia, conforto, durabilidade e um aspeto atraente. O acessório pode ser configurado para utilização em todas as situações de *reabilitação* cardíaca, incluindo exercício e testes *de esforço*. Todo o vestuário é feito de materiais transparentes aos raios X.

ANEXO 11

Pedido de patente nos Estados Unidos	20060142680
Tipo de código	A1
Iarocci; Michael Anthony	29 de junho de 2006

Assistência ativa para o tornozelo, joelho e outras articulações humanas

Resumo

Um *dispositivo* de assistência às articulações humanas que aplica um binário na articulação para ajudar as forças de esforço fisiológico, ou seja, a tarefa de transporte de carga da articulação e dos músculos, tendões e ligamentos circundantes. A aplicação deste *dispositivo* reduz a necessidade de força de esforço fisiológico e pode ser ajustada em relação ao nível de assistência, para se adequar ao problema associado ao movimento da articulação, sendo útil para a *reabilitação* da articulação e para actividades desportivas. Entre outras coisas, isto resulta numa redução da força de esforço fisiológico de forma a facilitar a extensão das alavancas (ossos longos) associadas à extensão contra uma determinada resistência. Por exemplo, o facto de se levantar de uma posição de cócoras com a ajuda deste *dispositivo* reduz o *esforço* dos membros fisiológicos associados à articulação das articulações.

ANEXO 12

Pedido de patente nos Estados Unidos	20180001172
Tipo de código	A1
SUTTA; Peters; et al.	4 de janeiro de 2018

ESTRUTURA DO ELEMENTO ACESSÓRIO PARA O EQUIPAMENTO DO CAMPO DE TREINO DE FLOORBALL E SUA UTILIZAÇÃO PARA A FORMAÇÃO DE UM SIMULADOR DE FLOORBALL

Resumo

A invenção refere-se ao equipamento do ringue de treino para floorball, ao fabrico de um elemento estrutural de exercício, aplicando o conceito de encordoamento de raquetes *de ténis*. O desenho proposto do elemento subsidiário para o arranjo do rinque de floorball caracteriza-se pelo facto de ser feito como uma treliça formada por: duas placas de extremidade paralelas; várias hastes roscadas como membros de reforço; duas estruturas de cordas elásticas dispostas em dois planos paralelos, em que cada uma delas apresenta um lado da treliça mencionada e é fornecida com: -furos para fixação de hastes roscadas que asseguram a rigidez e a capacidade de carga da estrutura do elemento subsidiário; -furos para cordas cruzadas em dois planos paralelos e fixação de cordas nas placas de extremidade mencionadas independentemente uma da outra.

ANEXO 13

Pedido de patente nos Estados Unidos	20160296815
Tipo de código	A1
Pindaric; Michael	13 de outubro de 2016

Mais para Bola saltitante

Resumo

Aparelho de jogo fácil de montar e desmontar que permite a um único jogador jogar um jogo comparável ao *Ténis* e/ou Ping Pong num ambiente de espaço limitado O aparelho de jogo proposto também permite a um único jogador aperfeiçoar a sua habilidade.

ANEXO 14

Pedido de patente nos Estados Unidos   20070238561

Tipo de código   A1

Hu; Liang-Fa   11 de outubro de 2007

Estrutura da raquete de ténis de brinquedo

Resumo

Estrutura da raquete de ténis de brinquedo, que melhora principalmente a composição da face de batida da raquete de *ténis* de brinquedo; estica a corda que um lado é adesivo através dos orifícios em torno da cabeça da raquete *de ténis* na horizontal e longitudinal para fazer a rede, de modo que um lado desta rede é a face adesiva e o outro lado é a face de batida; esta combinação faz com que a face de batida da raquete de *ténis* de brinquedo possa produzir força de rebote devido à rede flexível, além disso, esta raquete pode proporcionar o melhor efeito de ventilação para reduzir a resistência ao vento, pode bater a bola facilmente como se estivesse a jogar com uma raquete *de ténis* real.

LISTA 02 DE LITERATURA UTILIZADA, INFORMAÇÕES SOBRE PATENTES E LICENÇAS

Pedido de patente nos Estados Unidos	20130158939
Tipo de código	A1
YAMAMOTO; Yosuke	20 de junho de 2013

MÉTODO E SUPORTE DE ARMAZENAMENTO LEGÍVEL POR COMPUTADOR PARA ADAPTAÇÃO DE RAQUETES *DE TÉNIS* E DISPOSITIVO DE ANÁLISE

Resumo

Um método de adaptação de raquetes de *ténis* de acordo com a presente invenção compreende um primeiro passo de preparação de uma pluralidade de *raquetes de ténis* de teste, sendo definido para cada uma das *raquetes* de *ténis* de teste pelo menos um tipo de propriedade da raquete que influencia o balanço para bater uma bola um segundo passo que consiste em fazer com que uma raquete de *ténis* de referência seja balançada pelo menos uma vez por um utilizador para bater uma bola *de ténis*, e em adquirir um valor medido através da medição da transição em pelo menos uma das posições, da velocidade, da aceleração e da velocidade angular da raquete de *ténis* de referência em pelo menos uma parte de um intervalo desde o início do balanço até ao fim do balanço; um terceiro passo de cálculo de pelo menos um indicador de avaliação para ser uma avaliação da oscilação da raquete de *ténis* de referência com base no valor medido; e um quarto passo de, com base na propriedade da raquete, selecionar uma raquete de *ténis* que possa melhorar pelo menos um indicador de avaliação de entre as *raquetes* de *ténis* de teste.

Inventores: YAMAMOTO; Yosuke; *(Kobe-she, JP)*

Requerente: Nome Cidade Estado País Tipo

DUNLOP SPORTS CO. LTD; Kobe-she JP

Cessionário: DUNLOP SPORTS CO. LTD.

       Kobe-she JP

ID da família: 47355804

N.º de pedido: 13/651825.

Arquivado: 15 de outubro de 2012

Patente dos Estados Unidos   4.293.129.

Pranchas 6 de outubro de 1981

Raquetes e pás de jogo com superfícies de jogo não paralelas

Resumo

Trata-se de raquetes de jogo, como as raquetes *de ténis*, e de pás, como as pás *de ténis de mesa*, com duas superfícies de jogo distintas, em que os planos das superfícies de jogo se intersectam geralmente na parte superior da cabeça da *raquete* ou da pá da pá. Esta relação entre as superfícies de jogo permite um maior arco de golpe por parte de um jogador, permitindo assim que a bola batida seja impulsionada com maior velocidade. Também permite que o jogador bata a bola numa posição mais avançada, tornando assim mais fácil para o jogador "manter os olhos na bola", com um melhor controlo da bola resultante.

A presente invenção diz respeito, em geral, a melhoramentos novos e úteis no domínio do equipamento desportivo e, mais particularmente, a novas raquetes e pás de jogo, com especial destaque para as raquetes de ténis e as pás de ténis de mesa.

Em praticamente todas as raquetes de ténis atualmente utilizadas, uma única malha de cordas tensionadas situada no plano médio da estrutura da cabeça da raquete constitui as duas superfícies de jogo da raquete. Do mesmo modo, quase todas as raquetes de ténis de mesa atualmente utilizadas possuem uma lâmina com duas faces planas paralelas que constituem as duas superfícies de jogo da raquete.

Nas patentes de Blache, Pat. dos EUA n.º 1,502,845, Daquan, Pat. dos EUA n.º. 3,968,966, e Blackburn, Pat. dos E.U.A. No. 4,049,269, é proposto fornecer uma raquete com duas superfícies de jogo distintas, cada uma consistindo numa malha de cordas tensionadas dispostas num plano geralmente paralelo ao plano da outra, e separadas da outra pela espessura da estrutura da cabeça da raquete. É um objetivo da presente invenção fornecer uma raquete melhorada deste tipo de "corda dupla", mas que difere da proposta por Blanche, Daquan e Blackburn na medida em que os planos das duas superfícies de jogo discretas não são paralelos, mas intersectam-se um ao outro e ao eixo longitudinal da raquete na proximidade da coroa da cabeça da raquete. É um outro objetivo desta invenção fornecer uma raquete melhorada que difere da raquete convencional de faces paralelas na medida em que os planos das duas superfícies de jogo (ou seja, as faces da pá da raquete) não são paralelos, mas em vez disso, intersectam-se um ao outro e ao eixo longitudinal da raquete na proximidade da coroa ou do ombro da pá da raquete. Esta relação não paralela das superfícies de jogo permite um maior arco de golpe por um jogador, permitindo assim que um jogador impulsione uma bola batida com uma maior velocidade, ou, alternativamente, permitindo que um jogador impulsione uma bola batida satisfatoriamente com menos esforço físico. Permite também que o jogador bata a bola numa posição mais avançada, facilitando assim que o jogador "mantenha os olhos na bola", o que resulta num melhor controlo da bola. Além disso, a relação angular entre as superfícies de jogo e o eixo longitudinal da raquete ou da raquete induzirá uma rotação na bola batida, sendo o eixo de rotação geralmente normal ao plano da pancada, fazendo assim com que a bola "enganche" ou "corte".

Patente dos Estados Unidos   4,293,129

Pranchas   6 de outubro de 1981

Raquetes e pás de jogo com superfícies de jogo não paralelas

Resumo

Trata-se de raquetes de jogo, como as raquetes *de ténis*, e de pás, como as pás *de ténis de mesa*, com duas superfícies de jogo distintas, em que os planos das superfícies de jogo se intersectam geralmente na parte superior da cabeça da *raquete* ou da pá da pá. Esta relação entre as superfícies de jogo permite um maior arco de golpe por parte de um jogador, permitindo assim que a bola batida seja impulsionada com maior velocidade. Também permite que o jogador bata a bola numa posição mais avançada, tornando assim mais fácil para o jogador "manter os olhos na bola", com um melhor controlo da bola resultante.

Inventores: Pranchas; Leo N. (Viena, VA)

ID da família: 21913742

Appl. no: 06/040,924

Arquivado: 21 de maio de 1979

Patente dos Estados Unidos

Warehime

4,336,942

29 de junho de 1982

Jogo e aparelho de mini-ténis de 3 vias

Resumo

Um jogo de *mini-ténis de* 3 vias e respetivo aparelho, em que o jogo é jogado por três jogadores ou equipas numa superfície dura, lisa e plana, utilizando uma pequena bola resiliente, três ou seis pás ou raquetes e uma estrutura especial de definição da passagem da bola de 3 vias colocada no centro da área de jogo na superfície de jogo. A estrutura especial, numa versão preferida da invenção, é composta por três aros de tipo circular fixados com grampos de mola rígidos para formar um tripé piramidal regular vertical, com os lados da estrutura a formar um ângulo de 60 graus com a superfície de jogo, medido dentro da estrutura. Podem ser utilizadas outras formas e materiais opcionais para formar os lados da estrutura, ou pode ser utilizada uma estrutura de tripé piramidal unitária e autónoma de 3 vias para definir a passagem da bola. Não são necessárias redes de proteção. Em geral, os aparelhos de jogo são seguros, económicos, portáteis e fáceis de montar. São necessárias poucas ou nenhumas linhas de delimitação ou marcações no campo. O jogo pode ser jogado por indivíduos ou duplas. Em geral, o jogo exige que cada bola, quando atingida pela *raquete ou* pela *pá,* passe por duas áreas abertas dos lados da estrutura de 3 vias. A avaliação das faltas e a atribuição de pontos são semelhantes às do *padel ou* do *ténis de mesa.* O jogo pode ser jogado no interior ou no exterior.

Inventores: Warehime; Norwood R. (Baltimore, MD).

ID da família: 22698553

Appl. no: 06/189,733

Arquivado: 22 de setembro de 1980

A invenção, tal como é reivindicada, destina-se a proporcionar uma nova abordagem ao jogo de ténis de 3 vias e aos respectivos aparelhos. Resolve o problema de como conceber uma estrutura simples de definição de passagem de bola de 3 vias que representa o principal aparelho central de jogo (barreira) no jogo. Não são utilizadas redes.

As vantagens oferecidas pela invenção são principalmente a eliminação da elaborada estrutura de barreira de rede e o facto de três elementos de estrutura idênticos, tais como aros circulares, formas de "U" invertido, formas rectangulares ou semelhantes, poderem ser facilmente fixados com grampos de mola para formar uma estrutura de tripé definidora de passagem esférica de 3 vias eficaz, barata e autónoma. Uma estrutura de tripé unitária opcional também pode ser utilizada em vez da estrutura de tripé montada. Em geral, o novo aparelho de jogo é seguro, económico, portátil e fácil de montar. O campo de jogo pode ser colocado em qualquer superfície dura, lisa e plana, e requer poucas ou nenhumas marcações no campo. O jogo individual ou a pares é seguro, dinâmico e adequado a uma vasta gama de tipos de jogadores. Os jogos podem ser jogados no interior ou no exterior.

Patente dos Estados Unidos   5,288,085

Jovem   22 de fevereiro de 1994

Dispositivo de jogo de raquetes de mesa

Resumo

Esta nova invenção é um dispositivo de jogo *de mesa com bola de raquete*. Esta nova invenção é um dispositivo de jogo *de mesa* fechado, jogado com uma bola *de ténis de mesa*, fora dos lados, em baixo e em cima, em três dimensões. Este novo dispositivo de jogo de mesa é um jogo de habilidade e não de sorte. Trata-se de um jogo sério que quase toda a gente pode aprender a jogar. Ensina a coordenação olho-mão e a concentração. A bola é colocada à mão, na *raquete,* apontada e cuidadosamente atirada à baliza do outro jogador, com um simples movimento dos dedos. Os jogadores marcam pontos quando a bola cai fora de jogo por detrás da defesa e desce a rampa de retorno da bola. As pás são concebidas e montadas de forma a que toda a superfície possa ser utilizada na defesa. Este é um jogo de habilidade e não de sorte, porque os jogadores podem defender todos os remates se conseguirem deslizar a *raquete* com rapidez suficiente para bloquear o remate que se aproxima.

Inventores: Young; Robert G. (Lubbock, TX).

Cessionário: Young; Robert G. (Lubbock, TX).

ID da família: 21918745

Appl. no: 08/041,862

Arquivado: 2 de abril de 1993

Patente dos Estados Unidos   7,204,770

Mathieu   17 de abril de 2007

Raquete de ténis de mesa

Resumo

A presente invenção diz respeito a uma *raquete de ténis de mesa* que compreende um núcleo de material sintético e um revestimento montado no referido núcleo por sobreposição ou por co-moldagem. De acordo com a invenção, a alma tem a forma de uma peça única que apresenta uma pega tubular e uma *pá de* espessura inferior à menor dimensão diametral exterior da pega tubular, e é dotada de uma pluralidade de reentrâncias, entre as quais se define uma pluralidade de divisórias que se estendem perpendicularmente ao plano da *pá*.

Inventores:	Mathieu; Stephane (Breteuil, FR)
Cessionário:	Estabelecimentos Cornelia (Bonduel les Beaux, FR)
ID da família:	34955410
Appl. no:	11/333,237
Arquivado:	18 de janeiro de 2006

Pedido de patente nos Estados Unidos   20160206954

Tipo de código   A1

Miller; Kenneth C.   21 de julho de 2016

JOGO ROBÓTICO COM LIMITES DE PERÍMETRO

Resumo

São fornecidos um método e um sistema para identificar quando e que alvos robóticos caem em que bolsas de uma *mesa* de bilhar ou passam através de portões nas paredes de um perímetro, bem como paredes e portões que podem ser utilizados para formar várias áreas de jogo. A identificação de um alvo robótico numa caçapa pode ser utilizada para marcar jogos tradicionais de bilhar de caçapa ou para marcar jogos baseados em robótica jogados na superfície da *mesa* de bilhar. O sensor de identificação pode, em certas formas de realização, ser montado nas portas configuráveis pelo utilizador. Os valores numéricos podem ser impressos na face dos alvos robotizados para determinar o vencedor de um jogo com base na pontuação total dos valores desses alvos robotizados derrubados por um jogador ou pelo controlo de um robô que empurra os alvos robotizados.

Inventores: Miller; Kenneth C.; *(Aptos, CA)*

Requerente: Nome Cidade Estado País Tipo

MILLER; Kenneth C. Aptos CA EUA

ID da família: 52587291

N.º de aplicação: 14/914772.

Arquivado: 27 de agosto de 2014

PCT

27 de agosto de 2014

Arquivado:

PCT NO: PCT/US14/52908 371 Data: 26 de fevereiro de 2016

Pedido de patente dos Estados Unidos   20180053114

Código de tipo   A1

Ajoite; Akali   22 de fevereiro de 2018

INTELIGÊNCIA ARTIFICIAL PARA CLASSIFICADOR DE CONTEXTO

Resumo

Um sistema de inteligência artificial inclui um servidor de rede informática ligado para receber e analisar milhões de textos e/ou mensagens de voz simultâneas escritas por humanos para serem lidas e compreendidas por humanos. As palavras-chave ou importantes nas frases são reconhecidas e ordenadas. Cada uma dessas palavras é enviada para um gerador de qualia que a gera nos seus possíveis contextos, temas ou outras ambiguidades razoáveis que possam existir ao nível das frases, parágrafos e missivas. Uma *tabela* semelhante a um thesaurus é utilizada para expandir cada palavra num conjunto de definições discretas. Várias dessas extensões são usadas como modelos nas outras para encontrar pétalas que exibam uma convergência de significado. Uma vez previsto o contexto de toda uma missiva, cada parágrafo é desconstruído em subcontextos que se enquadram no tema geral. Os contextos específicos identificados são então úteis para desencadear um resultado acionável.

Inventores: Ajoite; Akali; *(Mill Valley, CA)*

:   Nome do   requerenteCidadeEstado   País Tipo

BRIGHTERION, INC. São Francisco CA EUA

Cessionário: BRIGHTERION, INC. São Francisco CA

ID da família:	61190756
Appl. no:	14/613383
Arquivado:	4 de fevereiro de 2015

Pedido de patente nos Estados Unidos	20190213498
Tipo de código	A1
Ajoite; Akali	11 de julho de 2019

INTELIGÊNCIA ARTIFICIAL PARA CLASSIFICADOR DE CONTEXTO

Resumo

Um sistema de inteligência artificial inclui um servidor de rede informática ligado para receber e analisar milhões de textos e/ou mensagens de voz simultâneas escritas por humanos para serem lidas e compreendidas por humanos. As palavras-chave ou importantes nas frases são reconhecidas e ordenadas. Cada uma dessas palavras é enviada para um gerador de qualia que a gera nos seus possíveis contextos, temas ou outras ambiguidades razoáveis que possam existir ao nível das frases, parágrafos e missivas. Uma *tabela* semelhante a um thesaurus é utilizada para expandir cada palavra num conjunto de definições discretas. Várias dessas extensões são utilizadas como modelos nas outras para encontrar pétalas que apresentem uma convergência de significado. Uma vez previsto o contexto de toda uma missiva, cada parágrafo é desconstruído em subcontextos que se enquadram no tema geral. Os contextos específicos identificados são então úteis para desencadear um resultado acionável.

Inventores: Ajoite; Akali; *(Mill Valley, CA)*

Nome do requerente Cidade Estado País Tipo

Brighter ion, Inc. Compra NY EUA

Cessionário: Brighter ion, Inc.   Compra NY

ID da família: 61190756

N.º de pedido: 16/299998.

Arquivado: 12 de março de 2019

Pedido de patente nos Estados Unidos   20170348573

Tipo de código   A1

ZHOU; JIEBAO   7 de dezembro de 2017

Raquete de *ténis de mesa* de borracha e madeira com design de pega de pilha escalonada

Resumo

A presente invenção diz respeito à alteração de três aspectos das *raquetes de ténis de mesa*. Os componentes de borracha da raquete *de ténis de mesa* da presente invenção são inseridos transversalmente entre a pequena placa lateral do cabo da raquete e a placa inferior. O cabo da raquete é aumentado das actuais três camadas para uma estrutura de cinco camadas; o material do cabo da raquete é alterado e é adicionada a camada elástica de borracha. O cabo da raquete é composto por madeira e borracha, formando um cabo de raquete flexível; adopta um dispositivo de segurança de borracha (ou material macio) para cobrir a parte exposta da placa inferior da raquete, reduz a fricção entre a palma da mão e a placa inferior e aumenta o conforto; a invenção melhora a segurança, o conforto e a controlabilidade do cabo da raquete e acelera a velocidade, melhora a precisão do *ténis de mesa*.

Inventores: ZHOU; JIEBAO; *(SOUTH EL MONTE, CA)*

Nome do requerente Cidade Estado País Tipo

ZHOU; JIEBAO SOUTH EL MONTE CA US

ID da família: 60482888

N.º de pedido: 15/669991.

Arquivado: 7 de agosto de 2017

Pedido de patente nos Estados Unidos   20150258400

Tipo de código   A1

Yamamoto; Aaron   17 de setembro de 2015

Sistema de desporto de raquetes e método de jogo para um jogo de projécteis aéreos

Resumo

São divulgados um sistema desportivo de raquetes e um método de jogo para um jogo de projécteis aéreos. O sistema é geralmente composto por dois contentores em forma de cone truncado ou pirâmide, pelo menos duas *raquetes* e uma bola de jogo. Os recipientes são objectos com uma abertura localizada no topo e na parede lateral frontal para a entrada da bola de jogo. Os jogadores das equipas de dois jogadores são colocados a uma distância igual à distância entre os dois recipientes. As equipas revezam-se a servir e a receber a bola de jogo com as suas *raquetes* para tocar ou entrar nos contentores adversários para obter pontos assistidos ou não assistidos. Para ganhar, uma equipa tem de ser a única a marcar exatamente vinte e um pontos ou marcar o maior número de pontos na(s) ronda(s) de prolongamento em caso de empate. As equipas também podem ganhar imediatamente durante qualquer ronda quando um jogador serve a bola de jogo para um recipiente adversário sem a assistência do seu colega de equipa.

Inventores: Yamamoto; Aaron; *(Mesa, AZ)*

Requerente: Nome Cidade Estado País Tipo

Yamamoto; Aaron Mesa AZ EUA

ID da família: 54067868

N.º de pedido: 14/633089.

Arquivado: 26 de fevereiro de 2015

Pedido de patente nos Estados Unidos   20120214625

Código de tipo   A1

Brandt; Richard A.   23 de agosto de 2012

RAQUETE *DE TÉNIS* E MÉTODO

Resumo

É fornecida uma raquete *de ténis* com uma face de batida de bola retangular com cantos arredondados. A raquete é formada por uma sanduíche de fibra de carbono com material leve montado entre elas. Uma tira de fibra de carbono é fixada na extremidade exterior que abrange as folhas superior e inferior de duas fibras de carbono. A estrutura retangular é formada por lados curvados para o exterior, de modo a serem puxados para uma configuração de lados rectos pela tensão da corda. São fornecidos ilhós de bloqueio de várias construções para manter as cordas em tensões pré-determinadas. São fornecidos equipamentos e métodos de ensaio para testar *raquetes de ténis*.

Inventores: Brandt; Richard A.; *(Nova Iorque, NY)*

ID da família: 46581119

N.º de pedido: 13/352853.

Arquivado: 18 de janeiro de 2012

Pedido de patente nos 20020098925
Estados Unidos

Tipo de código   A1

Brandt, Richard A.   25 de julho de 2002

Raquete desportiva com uma estrutura de cordas uniforme

Resumo

Uma raquete desportiva, para *ténis* e desportos semelhantes, tem um cabo alongado ligado a uma cabeça com uma face de raquete, que é atravessada por uma estrutura de cordas uniforme. A cabeça tem quatro lados, formando uma forma não elíptica, em que os lados opostos são substancialmente paralelos. As cordas longitudinais, todas elas substancialmente idênticas em comprimento e essencialmente paralelas entre si, e as cordas transversais, todas elas substancialmente idênticas em comprimento e essencialmente paralelas entre si e perpendiculares ao eixo longitudinal, abrangem a face da raquete. A raquete tem uma face de raquete maior do que as *raquetes convencionais,* mantendo as medidas de comprimento e peso das *raquetes* convencionais, o que resulta num ponto doce muito grande e em mais batidas boas. A raquete tem cordas maximamente longas em todos os pontos da face da raquete e cordas substancialmente idênticas em comprimento em todos os pontos da face da raquete, o que resulta numa uniformidade de resposta para pancadas descentradas, num aumento da velocidade de ressalto da bola, numa diminuição da deflexão angular para pancadas descentradas e na capacidade de definir a tensão das cordas de modo a que vibrem com a mesma frequência. A raquete tem um momento de inércia maior do que as *raquetes* convencionais, resultando numa rotação reduzida da raquete e numa redução de lesões nos jogadores, como o "cotovelo *de tenista*".

Patente dos Estados Unidos   5,910,528

Fali off, et al.   8 de junho de 1999

Inventores: Fali off; Wahida (Ashland, OR), Sander; Harald (Ashland, OR)

ID da família: 21765587

Appl. no: 08/826,163

Arquivado: 27 de março de 1997

Sistemas adesivos e solventes para borracha de ténis de mesa

Resumo

São descritos sistemas de solventes e sistemas adesivos que incluem esses sistemas de solventes, principalmente para utilização na formação de *raquetes de ténis de mesa* coladas à velocidade. Uma das formas de realização dos sistemas solventes compreende um cicloalcano com cerca de 3 a 10 átomos de carbono, um éster com cerca de 2 a 10 átomos de carbono e um terpeno com um peso molecular de cerca de 110 a cerca de 160. O cicloalcano é geralmente selecionado do grupo constituído pelo ciclopentano, ciclohexano e cicloheptano, sendo o ciclohexano um cicloalcano atualmente preferido. Um éster atualmente preferido é o acetato de etilo e um terpeno atualmente preferido é o limoneno. O sistema solvente pode também incluir um éter, sendo os éteres preferidos o éter dimetílico de propilenoglicol e o acetato de éter metílico de propilenoglicol. O sistema solvente pode também incluir um alcano alifático com cerca de 10 átomos de carbono ou menos, sendo o alcano alifático utilizado em quantidade suficiente para ajustar a pressão de vapor do sistema solvente de cerca de 50 mm/Hg a cerca de 100 mm/Hg a 25 graus Celsius. C. Exemplos de alcanos alifáticos adequados são o heptano, o 2,2,4-trimetilpentano e suas misturas. A presente invenção também fornece sistemas adesivos para utilização na formação de *raquetes de ténis de mesa* coladas à velocidade. O sistema adesivo compreende os sistemas de solventes descritos acima, e de cerca de 2 a cerca de 10 por cento em peso de um sólido ou sólidos adequados para a colagem rápida de borrachas de ténis de mesa em lâminas *de ténis de mesa*. É também descrito um método de colagem rápida de uma raquete *de ténis de mesa*. O método compreende geralmente a formação de um solvente ou sistema adesivo, tal como referido anteriormente. O solvente ou sistema adesivo é então aplicado a uma borracha de ténis de mesa, a uma lâmina *de ténis de mesa*, ou a ambas. A borracha é então fixada à lâmina para formar uma raquete *de ténis de mesa* colada à velocidade. Se for utilizado apenas um sistema solvente, então a borracha e/ou a lâmina devem ter um ou mais sólidos suficientes para aderir a borracha à lâmina.

Buy your books fast and straightforward online - at one of world's fastest growing online book stores! Environmentally sound due to Print-on-Demand technologies.

Buy your books online at
www.morebooks.shop

Compre os seus livros mais rápido e diretamente na internet, em uma das livrarias on-line com o maior crescimento no mundo! Produção que protege o meio ambiente através das tecnologias de impressão sob demanda.

Compre os seus livros on-line em
www.morebooks.shop